lesson 1 ... p.22

A

天丝牛仔布休闲裤
p.4

B

白色牛仔布宽松锥形裤
p.6

A款是较为宽松的直筒裤，B款是比较宽松的锥形裤，虽然款式有所不同，但是制作方法完全相同。后腰使用松紧带，前腰不用松紧带，看起来非常简洁舒适。

C

迷彩八分裤
p.8

这款紧身八分裤给人一种恰到好处的感觉，穿起来也非常舒适。

D-1

长阔腿裤
p.10

D-2

格子阔腿八分裤
p.12

D-3

高腰阔腿裙裤（紫色）
p.14

D-3

高腰阔腿裙裤（米色系带花纹）
p.15

这是4款宽大的阔腿裤。D-1~3的款式，其制作方法相同，只是尺寸有所不同。两款D-3只是面料不同。

E-1

休闲马裤
p.16

E-2

哈伦裤
p.18

这2款是针织面料的裤子。E-1、2的前、后款式相同，只是口袋的形状和裤长有所变化。

F

复古英伦格子裤
p.20

这是一款两侧带摆缝口袋的简洁舒适的直筒裤。

A pants
制作 大川友美

天丝牛仔布休闲裤

这是一款介于直筒裤和宽腿裤之间较
为宽松的九分轻便裤。
只在后腰使用松紧带,前腰保持平整即
可。
lesson ... p.22

目录

裤子

裙子

pants

裤子

所有带松紧带的裤子的制作方法都很简单。
而且，上身效果都很好。
变换不同面料的话，一年四季均可享受这种
美丽的穿着……

臀部周围非常宽松，裤腿是略微宽松的直线条。

因为使用的是天丝牛仔布，所以越洗手感越柔软，给人一种很自然的感觉。

前面

后面

在右前侧安一个小口袋。

两侧缝安上摆缝口袋。后面再安2个明口袋。

B **pants**
制作 大川友美

白色牛仔布宽松锥形裤

这款锥形裤的特点是臀部周围非常宽松，
由臀围处至裤脚逐渐变窄，形成锥子形。
夏天穿着时，建议挽起裤脚，露出脚踝，给
人一种凉爽利落的感觉。

lesson ... p.22

因为是简单的白色牛仔裤，所以也不挑上衣，也不分季节，可以与很多衣服搭配。享受不同的搭配带来的好心情吧。

后面

这款使用的是比较薄的白色牛仔布。因为布料柔软，所以穿着非常舒适，如果喜欢稍微厚一点的，也可以选用厚的布料进行制作。

只在后腰使用松紧带，前腰会很舒适。与p.4的裤子款式不同，但是制作方法相同。

C pants

制作 朝井牧子

迷彩八分裤

这是一款偏瘦但轮廓看起来很漂亮的
八分紧身裤。

凭借这种面料及其搭配风格,穿起来很
休闲、很酷,也很漂亮。

而且,充满成熟气质的迷彩花纹也非常
时尚。

how to make ... p.52

这款使用的是丝光卡其军服布。结实又贴身，所以建议制作裤子用。当然，米色和卡其色、黑色等素色布料穿起来也很漂亮！

前面

后面

所有口袋都是缝到裤子正面上的明口袋，所以制作起来比较简单。

D-1 pants
制作 青木惠

长阔腿裤

这一款阔腿裤乍一看像长裙子，其实是一款非常宽的宽腿裤。

使用较薄的棉麻布制作，给人一种薄毛料的感觉。

用藏青色布料制作的话，穿起来会显得很成熟。

how to make ... p.54

腰头的位置尽量缝得低一点，用上衣遮住腰头，还可以起到遮盖微微鼓起的肚子的效果。

前面

后面

在裤襻中穿上用同一种布料制作的腰带。　后面缝上明口袋。

D-2 pants
制作 青木惠

格子阔腿八分裤

款式与p.10的一样,只是做成了八分长。

成年人的服饰搭配大多自然大方,因此使用方格花纹布做裤子再合适不过了。

厚实的面料和黑白格子别具一格。

how to make ... p.56

本款使用的是较为粗糙的厚棉麻布。因为只有八分长，所以也不会过于沉重，给人一种恰到好处的感觉。

后面

因裤襻的制作方法与p.10的相同，所以搭配皮革腰带或市售的丝带均可。

D-3 pants
制作 青木惠

高腰阔腿裙裤
（紫色）

这是一款将p.10、12的阔腿裤做成半截长度的裙裤。使用高档面料可以使裙裤很有质感。

适合高雅的场合穿着,即便在休闲的场合,也可以穿出它的美丽。

how to make ... p.56

后口袋与裤襻也使用与裙裤同样的布料。如果采用与p.10一样的布料再做一根腰带的话也很漂亮。

D-3 pants
制作 青木惠

高腰阔腿裙裤
（米色系带花纹）

搭配一条细细的皮腰带也很可爱。

E-1 pants
制作 福永志津

休闲马裤

这是一款便于活动且穿着舒适自由的
针织面料的马裤。
漂亮的轮廓和两侧口袋的设计是它的
魅力所在。
how to make ... p.57

裤脚使用的是宽幅的罗纹布，可以当盖住小腿肚的七分裤，如左图所示，也可以如右图那样向上提到膝盖以下。

前面　　　　　　　　后面

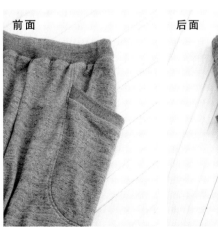

裤子主体使用的是添加有粒结花式纱线的、看起来很有质感的、稍微有点厚的里毛布。

在缝制口袋的时候，要从口袋下侧向后裤片缝制，这样一来，有弯曲度的口袋就比较容易缝上去了。

E-2 pants
制作 福永志津

哈伦裤

这是一款将p.16的马裤加长，再改变其
口袋形状而形成新的板型的裤子。
裤子主体线条简洁，并加上了口袋松松
垂下的设计。

how to make ... p.59

哈伦裤

这款裤子使用了加入竹节花式纱线的里面为毛圈布的竹节棉布料。毛圈布是跳过一定针目织成的面料，手感松软，所以穿着也是异常的舒服。

在口袋的前侧打褶，做成看起来很自然的褶皱。

在沿着前裤片向后裤片缝制口袋的时候，有弯曲度的口袋也很容易缝上。

F **pants**
制作 朝井牧子

复古英伦格子裤

装饰性腰带是这款直筒裤的亮点。
纯亚麻小方格给人一种很成熟的
印象。
即使使用纯色的亚麻布,也会是一
款非常漂亮的直筒裤。

how to make ... p.60

将薄料上衣扎到裤腰里边，使用与裤子相同布料制作的腰带在腰间系成蝴蝶结。如果再穿上一件对襟羊毛衫或夹克的话，会显得腿很长哦。

利用两边的侧缝制作"摆缝口袋"，裤子正面没有口袋，所以前、后也显得很简洁。

将与裤子相同布料制作的腰带系在松紧带裤腰的上面。因为有裤襻，所以不用担心腰带会往下掉。

lesson 1

A pants
制作 大川友美

天丝牛仔布休闲裤 p.4

B pants
制作 大川友美

白色牛仔布宽松锥形裤 p.6

实物大纸型　A面　※裤腰按照裁剪图上的尺寸进行裁剪

材料　※图中的尺寸从上到下或从左到右分别为9/11/13/15/17码
A：使用布　天丝牛仔布…145cm×230cm（通用）
B：使用布　白色牛仔布…115cm×220cm（通用）
1cm宽的带胶条形黏合衬…50cm
3cm宽的松紧带…38/39.5/41/42.5/44cm

成品尺寸
裤腰（未穿松紧带时）=98/102/106/110/114cm（**A**、**B**通用）
总裤长（侧缝）=**A**：91/92/93/94/95cm
　　　　　　　　B：84.5/85.5/86.5/87.5/88.5cm
臀围=116.5/120.5/124.5/128.5/132.5cm（**A**、**B**通用）

※本课制作裤子**B**。裤子**A**的制作方法与此相同。另外，为了便于读者理解，在此使用的是红色的机缝线，而且布料的颜色也是不同的部位使用了不同的颜色。在实际操作中，布料要按照裁剪图进行裁剪，机缝线要使用与布料相同的颜色

A 裁剪图

天丝牛仔布

＊除指定以外，缝份均为1cm
＊▨ 处粘贴带胶条形黏合衬

B 裁剪图

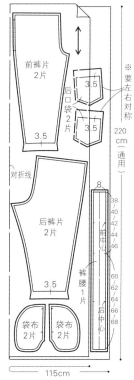

白色牛仔布

＊除指定以外，缝份均为1cm
＊▨ 处粘贴带胶条形黏合衬

---

1 裁剪各部位，画出安后口袋的位置　※裤子A的右前口袋也用同样的方法

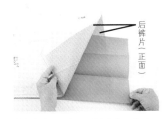

①裁好布后，把纸型放上去，将手工艺用复写纸夹在布的中间。

②用直尺和轮刀画出口袋的轮廓。

③在口袋的角的位置画出交叉线作为记号。

---

2 在侧口袋口处贴上带胶条形黏合衬

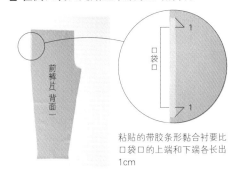

粘贴的带胶条形黏合衬要比口袋口的上端和下端各长出1cm

3 前、后裤片和袋布侧缝的缝份做Z字形锁边缝

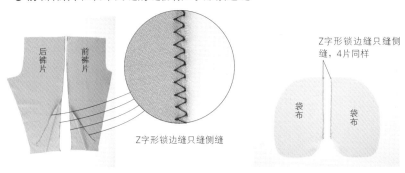

Z字形锁边缝只缝侧缝

Z字形锁边缝只缝侧缝，4片同样

4 将后口袋缝到裤片上 ※裤子**A**的右前口袋也用同样的方法

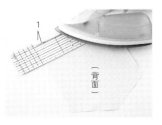 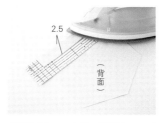 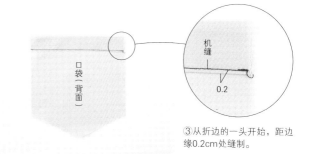

①将口袋口的缝份折叠1cm。使用直尺和熨斗比较方便。

②再折叠2.5cm（前口袋折叠1.5cm），折两次。

③从折边的一头开始，距边缘0.2cm处缝制。

 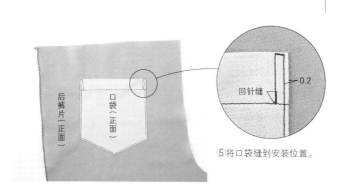

④先折叠下侧的缝份，再用熨斗熨两侧的缝份。

⑤将口袋缝到安装位置。

5 缝侧口袋袋布的同时,缝合裤片的侧缝 ※这是图上左口袋的缝制方法。右口袋也用同样的方法对称着缝上去

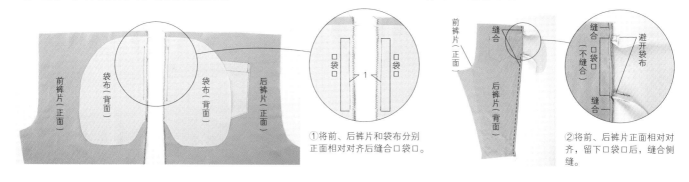

①将前、后裤片和袋布分别正面相对对齐后缝合口袋口。

②将前、后裤片正面相对对齐，留下口袋口后，缝合侧缝。

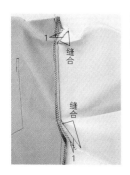

③将袋布余下的侧缝（口袋口的上下侧）正面相对对齐后缝合。

④用熨斗分开侧缝处的缝份。

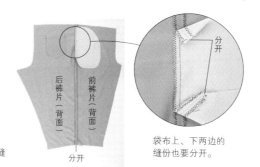

袋布上、下两边的缝份也要分开。

6 缝合袋布

①将两片袋布正面相对对齐，剪去不整齐的缝份。

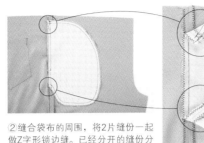

②缝合袋布的周围，将2片缝份一起做Z字形锁边缝。已经分开的缝份分别缝合。

②Z字形锁边缝
①机缝
1

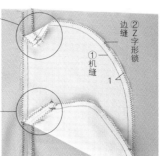

前裤片（正面）
后裤片（正面）

③使袋布倒向前裤片侧，从正面用熨斗整理口袋口的形状。

回针缝0.5cm
前裤片（正面）
口袋口
后裤片（正面）

④口袋口的上、下两边用回针缝加固。

7 在裤脚缝份处用熨斗熨出折痕

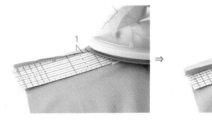

1 ⇒ 2.5

将裤脚缝份折叠1cm，再折叠2.5cm，共折两次。

8 将左、右裤片正面相对，对齐后缝合上裆

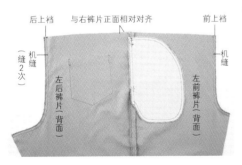

后上裆
与右裤片正面相对对齐
前上裆
机缝（缝2次）
左后裤片（背面）
左前裤片（背面）
机缝

①将左、右裤片正面相对对齐，分别缝合前、后上裆。为了加固后上裆，将后上裆缝2次。

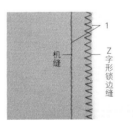

1
机缝
Z字形锁边缝

②将2片缝份一起做Z字形锁边缝。

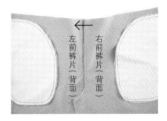

左前裤片（背面）
右前裤片（背面）

③使前、后裤片的缝份一起倒向左裤片侧。

9 正面相对，对齐后缝合下裆

①将下裆的对齐记号合到一起后，用珠针固定（展开裤脚处的折痕）。

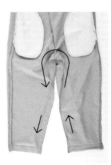

②从裤脚到裤裆、再从裤裆到另一侧的裤脚，要连续缝合下裆。

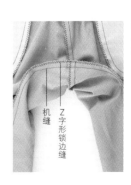

机缝
Z字形锁边缝

③将2片缝份一起做Z字形锁边缝，并使其倒向后裤片侧。

10 缝合裤脚

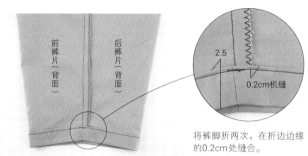

将裤脚折两次，在折边边缘的0.2cm处缝合。

2.5
0.2cm机缝

11 在前裤片裤腰处大针脚机缝，用于抽褶

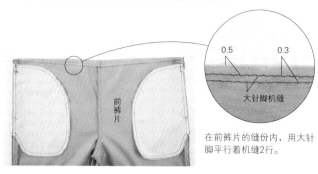

前裤片

0.5   0.3
大针脚机缝

在前裤片的缝份内，用大针脚平行着机缝2行。

12 缝上裤腰

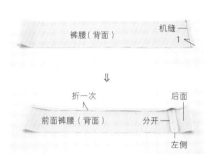

裤腰（背面）   机缝
1

折一次   后面
前面裤腰（背面）   分开
左侧

①将裤腰正面相对缝合后分开缝份，只在一侧折出1cm的折痕。

裤腰（背面）
前裤片（正面）

②将裤片的背面和裤腰的正面（将接缝放置左侧）对齐，在对齐记号处用珠针固定。

③与裤腰的长度对齐后，拉紧大针脚机缝线，在前裤腰处均匀抽褶。

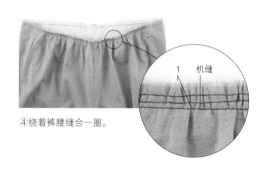

1   机缝

④绕着裤腰缝合一圈。

裤腰（背面）
前裤片（正面）

⑤将裤腰翻至正面，把步骤①中折叠出来的折痕与接缝对齐后，用熨斗熨烫折叠。

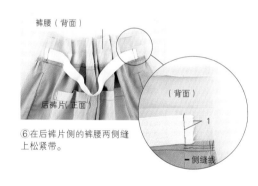

裤腰（背面）

后裤片（正面）

（背面）
一侧缝线

⑥在后裤片侧的裤腰两侧缝上松紧带。

完成

回针缝   留下不缝

回针缝   0.2
左后裤片（正面）

⑦将裤腰包住裤片上的缝份，留出左后裤片一侧后，缝合周围。

缝合剩余部分

⑧将布向右后裤片侧拉扯，缝合剩余的裤腰部分。

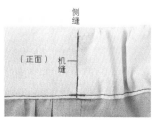

侧缝

（正面）   机缝

⑨分别缝制裤腰两侧，在缝松紧带处加固缝制。

前面   后面

skirts

裙子

这里集中了从50cm长度的半裙，到近80cm的长裙，这些裙子的配件数量少、做起来又简单！在裙腰的规格和面料的选择及控制裙子松垮方面都下了很大功夫。

lesson 2 … p.46

G-1

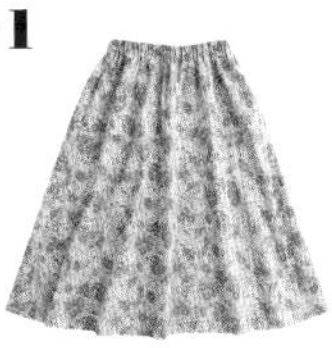

百搭印花半裙
p.28

G-2

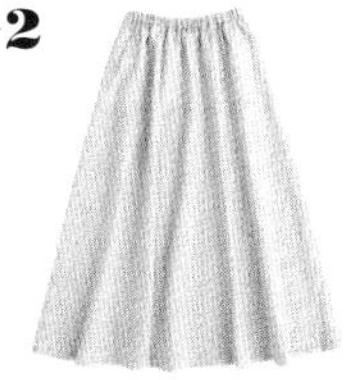

过膝伞裙
p.29

G-3

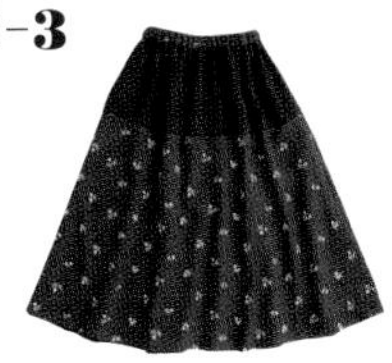

蕾丝印花伞裙
p.30

G-1长65cm、**G-2**长75cm，这两款裙子只是长度不同。**G-3**的长度和**G-1**完全相同，只是在拼接布的上面加了一层蕾丝，就变成了双层裁剪。

H-1

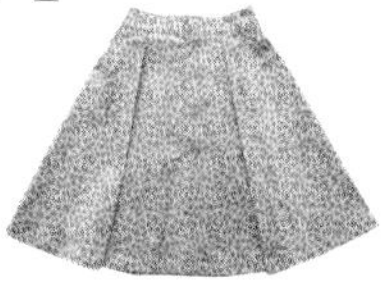

豹纹四片式褶裙
p.32

H-2

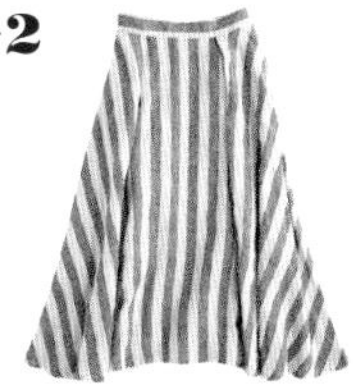

条纹四片A字褶长裙
p.34

这两款裙子的制作方法和款式完全相同，只是长度不同。
如果采用不同的长度和面料，就能体现出完全不同的风格。

I

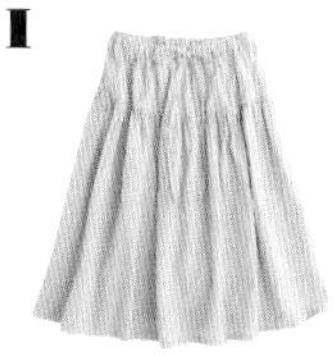

百褶两段裙
p.36

J

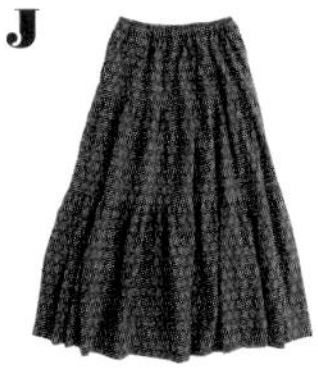

百褶蛋糕裙
p.38

拼接缝与裙腰、下摆的线条平行，**I**是两段拼接，**J**是3段拼接。这两款都是不用纸型就可以制作出来的裙子。

K

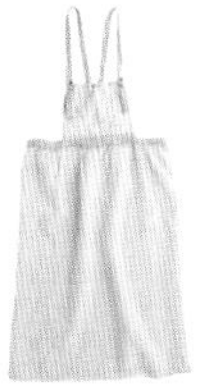

亚麻宽松背带裙
p.40

这是一款像围裙一样背后交叉的套穿型背带裙。

L

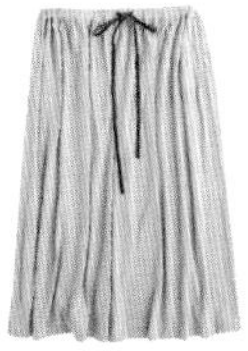

亚麻针织布抽褶裙
p.42

这是一款不用纸型就可以制作出来的抽褶裙。这款抽褶裙还有效地利用了针织布柔软下垂的质感。

M

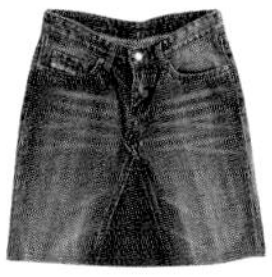

牛仔裙
p.44

这是一款用旧牛仔裤改造成的裙子。

G-1 *skirt*
制作 野木阳子

百搭印花半裙

这是一款下摆轻盈地展开，
很具女性魅力的伞裙。
也是一款不用拉链，
裙腰用松紧带的裙子。
因为有拼接缝，
腰围也不显得松垮，
做出来漂亮轻盈。

lesson ... p.46

65cm是正好盖住膝盖的长度

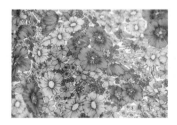

这款裙子采用的是印花布，其薄而柔
软的质感，非常适合春夏穿着。
Gloria Flowers（富丽堂皇的花朵）
蓝色系的花纹非常清爽。

G-2 skirt
制作 野木阳子

过膝伞裙

将p.28的裙子加长至75cm，
就成为一款很具女性魅力的长伞裙。
虽是容易显得厚重的长裙，
但因为是几块接缝而成，
所以也不会显得过于沉闷。

lesson ... **p.46**

长度过膝

这款裙子使用的是宽幅手工印花棉麻
布，图案使用的是带小兔子的植物花纹。
使用这种布满优雅花纹的布料，反而
给人一种素色布的感觉。

G-3 skirt
制作 野木阳子

蕾丝印花伞裙

在深蓝色罗纹针织布上面,重叠一大块有通透感的刺绣布,在拼缝的位置一起缝合。制作方法与p.28、29的伞裙完全相同。

lesson ... p.46

板型长度都和作品p.28相同,因为罗纹针织布所具有的下垂感,即使是厚面料也不会显得很蓬松,可以保持在一个很漂亮的悬垂状态。

面料背面的手感很柔软,而且,即使一层也不透。使用了厚度适中的碎花罗纹针织布制作,不加衬裙也可以。

H-1 **skirt**
制作 Lilla Blomma

豹纹四片式褶裙

将扇形模板的前、后中心和两侧缝合
到一起。

这是一款将四片扇形布料缝合到一起
的四片式褶裙。

只在前面打褶,所以裙腰显得很利落,
后面用松紧带抽褶。

how to make ... p.62

将一件别致的罩衫扎到裙腰里，或者搭配一件漂亮的短上衣也可以。

这是p.34长裙的缩短款。因为只是平行移动下摆线，所以能够简单地变化其长度。

使用稍微有点张力的弹性面料。因为带有同色系的小小的豹皮花纹，穿起来高雅得体。

H-2 skirt
制作 Lilla Blomma

条纹四片A字褶长裙

这是p.32褶裙的长款式样。
使用的是苎麻亚麻布，
下垂感在侧面表现得很明显。
呈现出了A字形的美丽轮廓。

how to make ... p.62

因为是左右对称的4片拼接在一起的，所以要将竖条纹的线条在前、后中心处对齐花纹后再裁剪。两边侧缝处的花纹是斜的，看起来很显瘦。

在后裙腰处抽褶处理，只在前裙腰处打褶显得非常利索。

skirt

制作 田中智子

百褶两段裙

这是一款不用纸型也可以轻松制作出来的
百褶两段裙。
将裁好的裙片和育克下侧重叠着缝合,这样
布边不加修饰的质感被体现得淋漓尽致。

how to make … p.69

使用的是绿色经线和白色纬线织成的棉麻青年布。这种泛着小白点的柔软面料,搭配
轻飘飘的裙褶更增添了一分温柔。

裙腰中穿入与裙子同样的布料制作的细绳,可
以很方便地调节腰围的尺寸,这也是制作的要
点。

J skirt
制作 田中智子

百褶蛋糕裙

这是一款每一个动作都能使裙子轻盈地
舞动起来的3段拼接的蛋糕裙。
这也是一款不用纸型即可制作的裙子。
这种充满诗意的小碎花棉纱布，
也很适合春夏穿。

how to make ... p.64

用洗涤机加工过的柔软的棉纱布，即使抽褶制作也不会太多。穿上它，显得身姿苗条
且很具女人味。

如果是用不透肉且薄而柔软的面料制作的
话，可以使用素色和带花纹的布料交替着
来缝制。

它一层一层的，就像蛋糕一样，因此叫作
"蛋糕裙"。

亚麻宽松背带裙

这是一款不用纸型只需直线缝制的围裙
样式的背带裙。
只需将长方形的布料在背后交叉即可。
可以套在连衣裙或打底裤的外面穿着，
既时尚又巧妙地遮住了您很在意的体形。

how to make ... **p.66**

裙子使用的是被洗涤机洗涤加工过的苎麻亚麻布，这是一种有张力而且很结实的面料。一直连接到腰围处的肩带要使用稍微厚实一点的亚麻布。裙料有一种洗褪了色的软塌塌的感觉，穿起来宽松得体。

肩带的长短可以用别针来调节。在护胸上沿里侧缝上松紧带，会出现很自然的褶皱。

L skirt
制作 AN Linen

亚麻针织布抽褶裙

这是一款手感很好的、
用亚麻针织布制作的、
风格朴素的抽褶长裙,无需纸型即可制作。
它的魅力在于不会显得太肥大,
也不会显得很幼稚, 成人韵味十足。
how to make ... p.68

这是一种用比利时亚麻纺织而成的薄而密的针织布。层次丰富的抽褶自然地落下，形成的美丽的褶皱也非常引人注目。

在裙腰处穿入绿色的天鹅绒丝带，是这款裙子的亮点。

M **skirt**

制作 La La Happy

牛仔裙
（50cm长）

将不穿的牛仔裤改成裙子。

在您认为合适的位置剪掉牛仔裤的裤腿，

拆开下裆接缝，

用从牛仔裤上剪下来的部分裁剪下裆用的三角形部分并缝上去。

变换搭配一年四季均可穿着。

how to make ... p.70

春季

夏季

前面　　　　　　　　　　后面

将下裆三角形部分缩小的话就会变成紧身裙，扩大三角形部分并加宽侧缝线就会变成A字裙。先预缝之后试穿，选择自己喜欢的板型即可。

秋季　　　　　　　　　　　　　　冬季

lesson 2

G-1、2、3 skirt
制作 野木阳子

百搭印花半裙
过膝伞裙
蕾丝印花伞裙 p.28~30

实物大纸型 **A面** ※裤腰按照裁剪图上的尺寸进行裁剪

材料 ※图中的尺寸从上到下或从左到右分别为9/11/13/15/17码

G-1：使用布 印花布（蓝色系花纹）
…110cm×180cm（通用）
G-2：使用布 印花棉麻宽幅布（米色系小兔子花纹）
…110cm×190cm（通用）
G-3：使用布 罗纹针织布（深蓝色无花纹）
…110cm×180cm（通用）
另布 刺绣布（深蓝色带花纹）
…110cm×170cm（通用）
2cm宽的松紧带
…70~90cm（根据裙腰的大小进行调节）

成品尺寸
裙腰（未穿松紧带时）=96/100/104/108/112cm（通用）
总长度（侧缝）=G-1、3 65/66/67/68/69cm
　　　　　　　　G-2 75/76/77/78/79cm
臀围=115/119/123/127/131cm（通用）

G-1、2 裁剪图

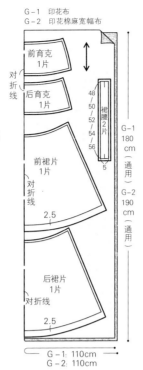

G-3 裁剪图

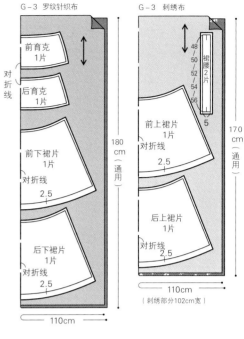

＊除指定以外，缝份均为1cm

※在本书中，为了便于读者理解，使用的是红色的线，而且面料的颜色也是不同的部位使用了不同的颜色。在实际操作中，布料要按照裁剪图进行裁剪，机缝线要使用与布料相同的颜色

---

1 裁剪各块布料，在前、后中心处画出对齐记号

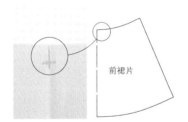
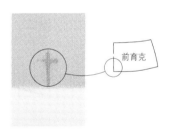

将布裁开后，连同纸型一起，用水性记号笔画出前、后中心处的对齐记号。

2 将前、后育克正面相对对齐后缝合两侧缝

将2片缝份一起做Z字形锁边缝，并使其倒向后侧。

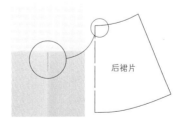
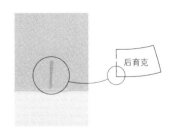

因为前、后裙片很近似，所以前裙片使用＋号，后裙片使用－号来区分。

3 将前、后裙片正面相对，对齐后缝合两侧缝

将裙片 **G-3** 的前上、下裙片及后上、下裙片分别用同样的方法缝合。

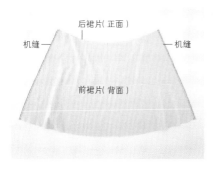

将2片缝份一起做Z字形锁边缝。

用熨斗熨烫缝份使之倒向后裙片侧。

4 将裙片和育克正面相对，对齐后缝合

将步骤1中画出的对齐记号 + 号和 + 号、| 号和 | 号分别对齐后缝合。在缝合裙子 **G-3** 时，将上裙片重叠到下裙片上，用同样的方法进行缝合。

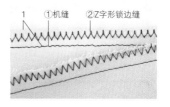

将2片缝份一起做Z字形锁边缝。

用熨斗熨烫缝份使之倒向育克侧。

5 缝制裙腰

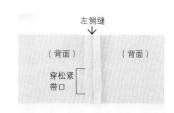

①将2片裙腰（前、后尺寸相同）正面相对，对齐后缝合两侧缝。

只在一侧（左侧缝）留出穿松紧带口后缝合。

②分开两侧缝的缝份。

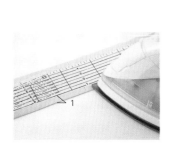

③上、下的缝份分别折叠成1cm。

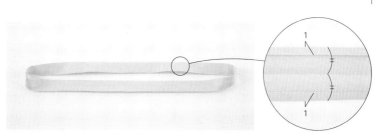

④将裙腰对折，用熨斗熨出折痕。

6 缝合育克和裙腰

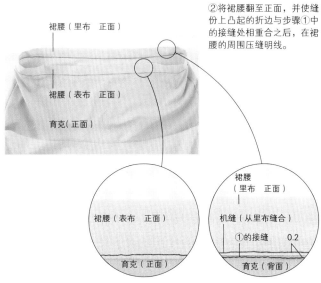

左侧缝 1

机缝（在折痕上缝合）

□ 穿松紧带口

将穿松紧带口与左侧缝（使之放在下侧）对齐

①将育克和裙腰正面相对，对齐后缝合裙腰的周围。

裙腰（里布 正面）

裙腰（表布 正面）

育克（正面）

②将裙腰翻至正面，并使缝份上凸起的折边与步骤①中的接缝处相合之后，在裙腰的周围压缝明线。

裙腰（表布 正面）

育克（正面）

裙腰（里布 正面）

机缝（从里布缝合）

①的接缝 0.2

育克（背面）

从正面看到的地方

7 在下摆缝份上熨出折痕

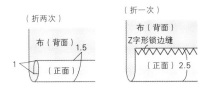

（折两次）

布（背面）1.5

1（正面）

（折一次）

布（背面）

Z字形锁边缝

（正面）2.5

将裙子**G-1、2**的下摆缝份折两次后，用熨斗熨出折痕。裙子**G-3**的面料较厚，折一次即可。

8 缝制下摆　※裙片**G-3**的上、下裙摆分别处理

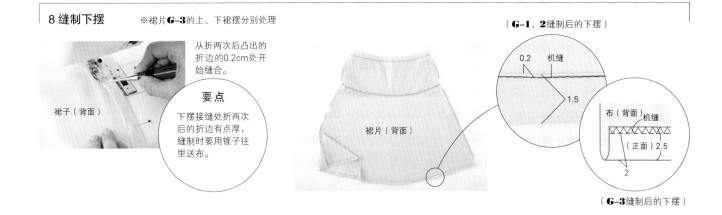

从折两次后凸出的折边的0.2cm处开始缝合。

裙子（背面）

要点

下摆接缝处折两次后的折边有点厚，缝制时要用锥子往里送布。

裙片（背面）

（**G-1、2**缝制后的下摆）

0.2 机缝

1.5

布（背面）机缝

（正面）2.5

2

（**G-3**缝制后的下摆）

9 在裙腰处穿入松紧带

松紧带

穿引器

①用穿引器等穿入松紧带。

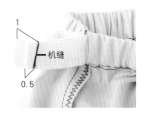

1

机缝

0.5

②将松紧带两头对齐后在1cm处缝合，将松紧带一头剪掉0.5cm。

②的接缝

机缝

③将1cm的一头裹住0.5cm的一头后缝合。

完成

how to make

制作方法

决定作品风格的关键是"布料的选择"。
既要参考作品的照片和图片说明,还要考虑作品的分量感。
在制作方法上,裙腰和松紧带的穿法等都比较简单,
所以,即使是第一次也可以制作出漂亮的裤子和裙子!

关于尺寸

纸型是按照9、11、13、15、17码5个尺寸设计的。各个尺码的净尺寸参照下表。另外,制作方法页中都有各个作品的成品尺寸,请将裤长、裙长调节到适合您的长度即可。

标准尺寸表(净尺寸)   单位:cm

尺寸	9 码	11 码	13 码	15 码	17 码
身高	160	160	160	160	160
腰围	64	68	72	76	80
臀围	90	94	98	102	106

※模特儿的身高为170cm,穿的是9码

关于裁剪图和衣服的尺寸

● 本书中如果没有特别指定,数字单位均为厘米(cm)。

● 制作方法的裁剪图中,画出来的是9码的基本尺寸。在其他尺码的情况下,必须再进行调整。参照裁剪图确认好所有部位之后,再进行裁剪吧。

● 只是直线的裙子和裙腰等,已在裁剪图中标明了尺寸,没有纸型,所以直接在布料上画出直线进行裁剪即可。

● 材料中标明的腰围松紧带的尺寸是大致标准,请调节到适合自己为止。

● 成品尺寸的总长度,是包含裤腰在内的裤长或包含裙腰在内的裙长。

机缝针和机缝线

参照右边表格，
使用适合布料的机缝针和机缝线。
线号越大线则越细，
针号越大针则越粗。
另外，线的面线和底线要使用同一种线，这是基本原则。
缝制针织布时，要使用具有伸缩性的针织专用线和针织专用的圆头针。

布的种类	机缝线	机缝针
薄布料（平纹织布、巴厘纱……）	90号	7号、9号
普通厚度的布料（亚麻布、密织平纹布……）	60号	9号、11号
厚布料（牛仔布、羊毛布……）	30号	11号、14号
针织布（里毛布、平针织布……）	针织专用线	针织专用针9号、11号

布料在裁剪之前要过水并调整布纹

在裁布之前要先过水调整布纹，这是为了防止衣服洗过之后缩水或变形。

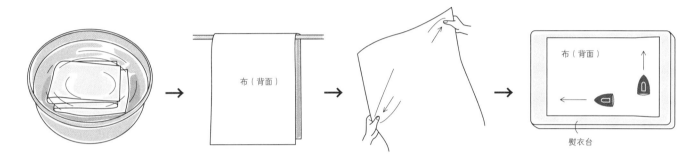

①把布折叠后，完全浸泡水中1小时以上。

②轻轻脱水之后，阴干即可（针织布要铺平）。

③要用手将布料的经线和纬线整理成直角形状，纠正其歪斜的经线和纬线。

④整理布纹的同时，用熨斗熨烫布料的背面。

欲调节其长度时

调节裤长最简单的方法就是平行移动裤脚线。对于朝裤脚方向逐渐变窄的裤型，裤脚的宽度不能变化太大，如图2所示，在下裆中间附近与布纹的箭头垂直着剪开纸型，补足纸型使其拉长或进行折叠使其缩短，再重新将侧缝线和下裆线画成自然流畅的线条即可。

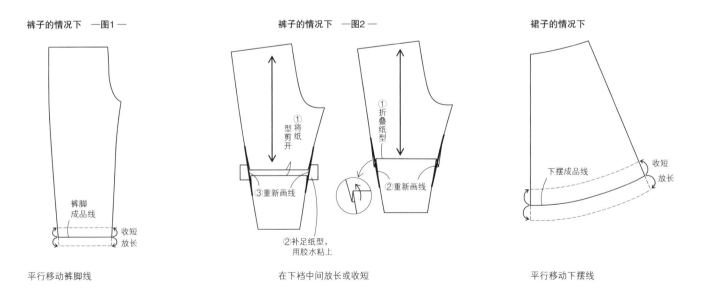

裤子的情况下 —图1—

平行移动裤脚线

裤子的情况下 —图2—

在下裆中间放长或收短

裙子的情况下

平行移动下摆线

带缝份的纸型的制作方法

实物大纸型是将几个线条重叠在一起印刷而成的，因此可以预先用荧光笔做上记号。誊写的纸张最好使用能够看到线条又容易誊写的大张硫酸纸。

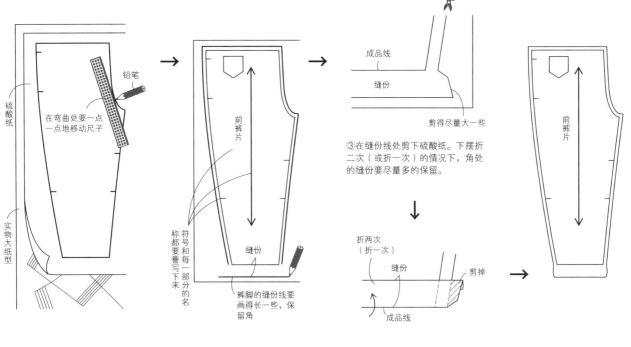

①将实物大纸型誊写到硫酸上。

②参照裁剪方法图将指定的缝份与成品线相对平行着画出来（使用方格尺会更方便）。

③在缝份线处剪下硫酸纸。下摆折二次（或折一次）的情况下，角处的缝份要尽量多的保留。

④在成品线处折叠，折两次（或折一次），剪掉露出的部分。

⑤这就是带缝份的成品纸型。

裁好布后不要忘记剪牙口（对齐记号）……

将带缝份的纸型放到布的背面，使纸型的布纹线和布料的经线对准，用珠针固定好之后进行裁剪。
纸型上标有"对折线"时，如下图所示，将其和布料的折边对齐。

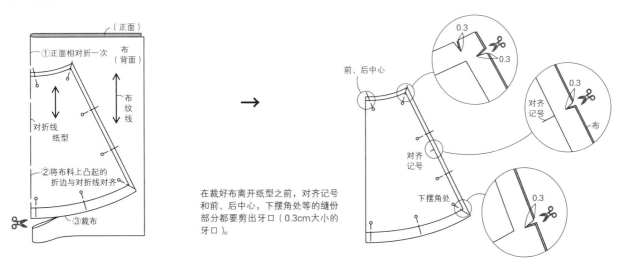

在裁好布离开纸型之前，对齐记号和前、后中心，下摆角处等的缝份部分都要剪出牙口（0.3cm大小的牙口）。

※缝制口袋的位置等内侧的记号，可使用锥子或手工艺用复写纸（参照p.22）做上去

C pants

制作 朝井牧子

迷彩八分裤

p.8
实物大纸型　A面
※裤腰按照裁剪图上的尺寸进行裁剪

材料　※图中的尺寸从上到下或从左到右分别
为9/11/13/15/17码
使用布　丝光卡其军服布（迷彩花纹）
　…150cm×130cm（通用）
1.5cm宽的带胶条形黏合衬…50cm
2.5cm宽的松紧带
　…70～90cm（根据腰围的大小进行调节）

成品尺寸
腰围（未穿松紧带时）=89/93/97/101/105cm
总长度（侧缝）=85.5/86.5/87.5/88.5/89.5cm
臀围=95/98.5/102/105.5/109cm

缝制方法和顺序
1　制作前口袋，并缝到前裤片上。
2　制作后口袋，并缝到后裤片上。
3　缝合侧缝。
4　缝合下裆。
5　将裤脚折两次后缝合。
6　缝合上裆。
7　制作裤腰，并缝上去。
8　穿入松紧带。

裁剪图

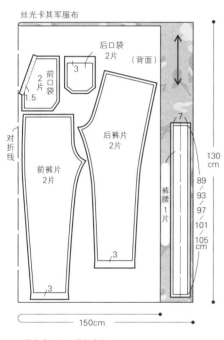

丝光卡其军服布

※除指定以外，缝份均为1cm
※ ▨▨▨ 处粘贴带胶条形黏合衬

缝制方法和顺序

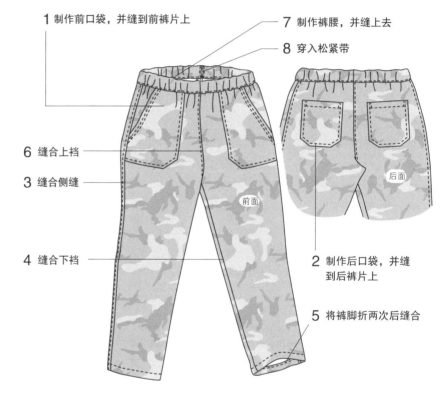

1 制作前口袋，并缝到前裤片上
7 制作裤腰，并缝上去
8 穿入松紧带
6 缝合上裆
3 缝合侧缝
4 缝合下裆
2 制作后口袋，并缝到后裤片上
5 将裤脚折两次后缝合

1 制作前口袋，并缝到前裤片上

①在口袋口贴上带胶条形黏合衬
②Z字形锁边缝
③除侧缝和裤腰侧之外，其他部分均折叠成成品尺寸
④在口袋口压缝明线
⑤缝上前口袋，并压缝明线
⑥预缝缝份

2 制作后口袋，并缝到后裤片上

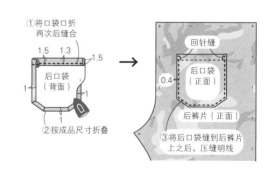

①将口袋口折两次后缝合
②按成品尺寸折叠
③将后口袋缝到后裤片上之后，压缝明线
回针缝

52

3 缝合侧缝

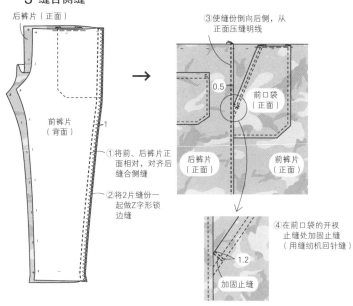

后裤片（正面）

前裤片（背面）

③使缝份倒向后侧，从正面压缝明线

①将前、后裤片正面相对，对齐后缝合侧缝

②将2片缝份一起做Z字形锁边缝

0.5

前口袋（正面）

后裤片（正面）

前裤片（正面）

1

④在前口袋的开衩止缝处加固止缝（用缝纫机回针缝）

1.2

加固止缝

4 缝合下裆

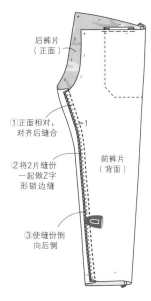

后裤片（正面）

①正面相对，对齐后缝合

②将2片缝份一起做Z字形锁边缝

③使缝份倒向后侧

前裤片（背面）

5 将裤脚折两次后缝合

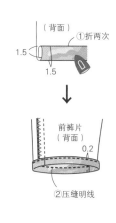

（背面）

①折两次

1.5

1.5

前裤片（背面）

0.2

②压缝明线

6 缝合上裆

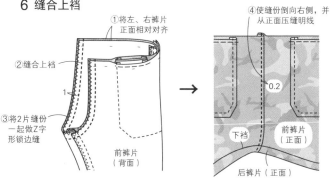

①将左、右裤片正面相对对齐

②缝合上裆

1

③将2片缝份一起做Z字形锁边缝

④使缝份倒向右侧，并从正面压缝明线

0.2

下裆

前裤片（正面）

前裤片（背面）

后裤片（正面）

7 制作裤腰，并缝上去

①将裤腰折叠成成品尺寸

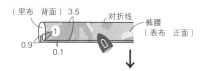

（里布 背面）　3.5

1

0.9

0.1

对折线

裤腰（表布 正面）

②画出前中心、侧缝的记号

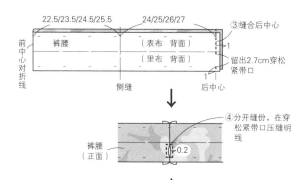

22.5/23.5/24.5/25.5　　24/25/26/27

③缝合后中心

前中心对折线

裤腰

（表布 背面）

（里布 背面）

1

1

留出2.7cm穿松紧带口

侧缝

后中心

④分开缝份，在穿松紧带口压缝明线

裤腰（正面）

0.2

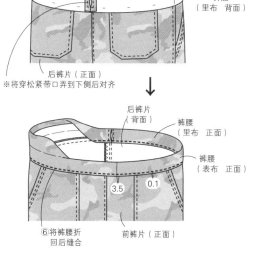

侧缝

前中心

侧缝

⑤将裤腰和裤片正面相对，对齐后缝合

后中心

1

裤腰（表布 背面）

裤腰（里布 背面）

后裤片（正面）

※将穿松紧带口弄到下侧后对齐

后裤片（背面）

裤腰（里布 正面）

裤腰（表布 正面）

3.5

0.1

⑥将裤腰折回后缝合

前裤片（正面）

8 穿入松紧带

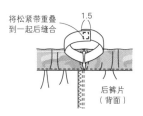

将松紧带重叠到一起后缝合

1.5

后裤片（背面）

D-1 pants

制作 青木惠

长阔腿裤

p.10
实物大纸型 B面
※腰带、裤襻均按照裁剪图上的尺寸进行裁剪

材料 ※图中的尺寸从上到下或从左到右分别为
9/11/13/15/17码
使用布 棉麻布（藏青色）
　…95cm×390cm（通用）
3cm宽的松紧带
　…70~90cm（根据腰围的大小进行调节）

成品尺寸
裤腰（未穿松紧带时）
　=101/105/109/113/117cm
总长度（侧缝）=96.5/97.5/98.5/99.5/100.5cm
臀围（育克以下）=105/109/113/117/121cm

缝制方法和顺序
1　制作口袋，并缝到后裤片上。
2　给裤片抽褶，并缝到育克上。
3　缝合上裆。
4　制作裤襻，并缝上去。
5　缝合侧缝。
6　缝合下裆。
7　将裤脚折两次后缝合。
8　缝制裤腰。
9　穿入松紧带。
10　固定松紧带。
11　制作腰带。

裁剪图

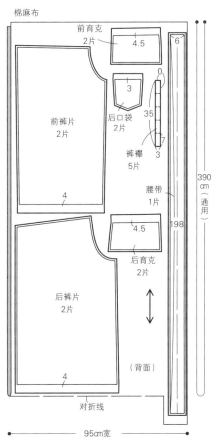

棉麻布

前育克 2片　4.5

前裤片 2片　4

后口袋 2片　3

裤襻 5片　3　35　0

腰带 1片

6

390cm（通用）

198

后裤片 2片　4

后育克 2片　4.5

对折线

95cm宽

※除指定以外，缝份均为1cm

缝制方法和顺序

1 制作口袋，并缝到后裤片上

2 给裤片抽褶，并缝到育克上

3 缝合上裆

6 缝合下裆

8 缝制裤腰

9 穿入松紧带

10 固定松紧带

4 制作裤襻，并缝上去

5 缝合侧缝

7 将裤脚折两次后缝合

11 制作腰带

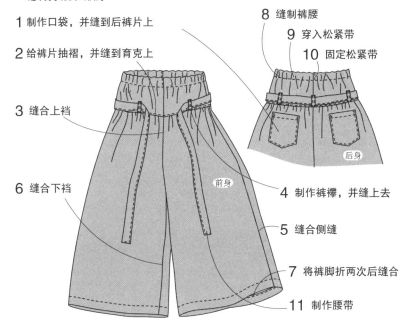

前身

后身

1 制作口袋，并缝到后裤片上

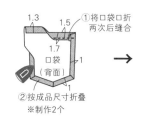

1.3　1.5
①将口袋口折两次后缝合
1.7
1
口袋（背面）
②按成品尺寸折叠
※制作2个
1

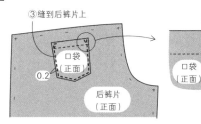

③缝到后裤片上
口袋（正面）
0.2
后裤片（正面）
0.5
口袋（正面）

2 给裤片抽褶，并缝到育克上

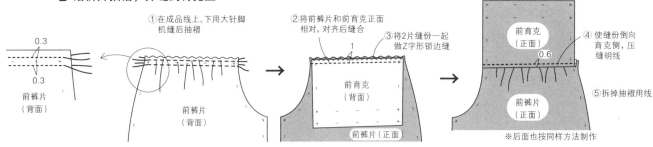

①在成品线上、下用大针脚机缝后抽褶
0.3
0.3
前裤片（背面）

前裤片（背面）

②将前裤片和前育克正面相对，对齐后缝合
1
③将2片缝份一起做Z字形锁边缝
前育克（背面）
前裤片（正面）

④使缝份倒向育克侧，压缝明线
前育克（正面）
0.6
⑤拆掉抽褶用线
前裤片（正面）
※后面也按同样方法制作

3 缝合上裆

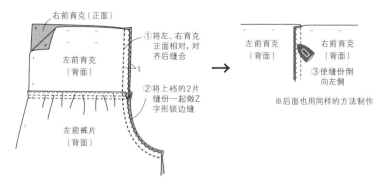

右前育克(正面)

左前育克(背面)

左前裤片(背面)

①将左、右育克正面相对，对齐后缝合

②将上裆的2片缝合一起做Z字形锁边缝

1

左前育克(背面)　右前育克(背面)

③使缝份倒向左侧

※后面也用同样的方法制作

4 制作裤襻，并缝上去

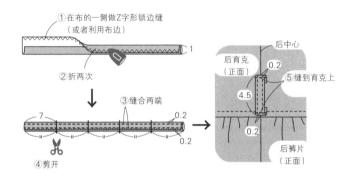

①在布的一侧做Z字形锁边缝(或者利用布边)

1

②折两次

7

③缝合两端

0.2

④剪开

0.2

后中心

后育克(正面)

0.2

4.5

⑤缝到育克上

0.2

后裤片(正面)

5 缝合侧缝

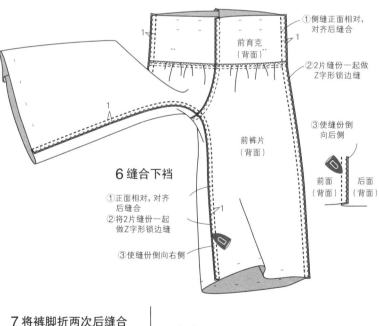

①侧缝正面相对，对齐后缝合

前育克(背面)

1

②2片缝份一起做Z字形锁边缝

③使缝份倒向后侧

前面(背面)　后面(背面)

1

前裤片(背面)

6 缝合下裆

①正面相对，对齐后缝合

②将2片缝份一起做Z字形锁边缝

③使缝份倒向右侧

1

7 将裤脚折两次后缝合

(背面)3.2

0.8

3

折两次后缝合

8 缝制裤腰

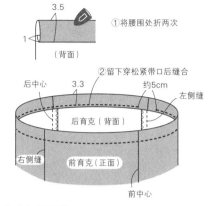

3.5

1

(背面)

①将腰围处折两次

后中心

3.3

②留下穿松紧带口后缝合

约5cm

左侧缝

后育克(背面)

右侧缝

前育克(正面)

前中心

9 穿入松紧带

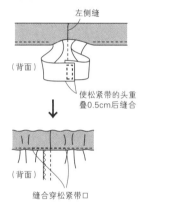

左侧缝

(背面)

使松紧带的头重叠0.5cm后缝合

(背面)

缝合穿松紧带口

10 固定松紧带

在裤腰中均匀穿入松紧带之后，在前、后中心和两侧缝处再落针压缝，固定松紧带

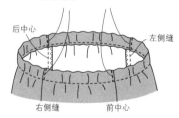

后中心

左侧缝

右侧缝

前中心

11 制作腰带

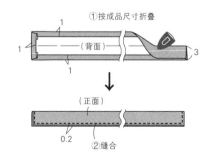

①按成品尺寸折叠

1

(背面)

1

3

1

(正面)

0.2

②缝合

D-2、3 pants
制作 青木惠

格子阔腿八分裤
高腰阔腿裙裤

p.12~15
实物大纸型　B面
※裤襻按照裁剪图上的尺寸进行裁剪

材料　※图中的尺寸从上到下或从左到右为9/11/13/15/17码

D-2：使用布　棉麻布（方格花纹）
…110cm×210cm（9码）、110cm×330cm（11/13/15/17码）

D-3：使用布　p.14亚麻布（紫色）
　　　　　　　p.15棉布（米色系带花纹）
…110cm×170cm（9码）、110cm×260cm（11/13/15/17码）

3cm宽的松紧带…70~90cm（根据腰围的大小进行调节）

成品尺寸
裤腰（未穿松紧带时）=101/105/109/113/117cm（通用）
总长度（侧缝）
=D-2：80.5/81.5/82.5/83.5/84.5cm
=D-3：60.5/61.5/62.5/63.5/64.5cm
臀围（育克以下前裤片）=105/109/113/117/121cm

缝制方法和顺序　※除步骤11之外，均可参照p.54、55的做法

裁剪图　D-2、D-3通用

9码的情况下

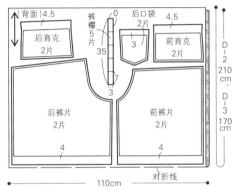

11/13/15/17码的情况下

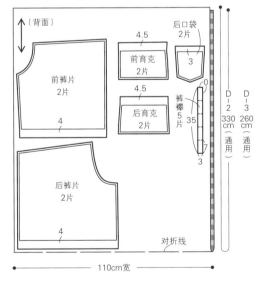

※除指定以外，缝份均为1cm

D-2　格子阔腿八分裤

D-3　高腰阔腿裙裤

E-1 pants

制作 福志永津

休闲马裤

p.16
实物大纸型　B面
※裤脚罗纹布、裤腰均按照裁剪图上的
尺寸进行裁剪

材料　※图中的尺寸从上到下或从左到右为
9/11/13/15/17码
使用布　里毛布（灰色）
　…155cm×120cm（通用）
另布　松紧罗纹布（灰色）
　…42cm（半幅）×60cm（通用）
2cm宽的松紧带
　…70～90cm（根据腰围的大小进行调节）
※使用针织专用的针和线

成品尺寸
腰围（未穿松紧带时）=70/74/78/82/84cm
总长度（侧缝）=82/83/84/85/86cm
臀围=108/111/114/117/121cm

缝制方法和顺序
1　制作口袋，并缝上去。
2　缝合前裤片和后拼接布。
3　缝合后裤片和前裤片、后拼接布。
4　缝合下裆。
5　缝合上裆。
6　制作裤腰，并缝上去。
7　制作裤脚罗纹布，并缝上去。

裁剪图

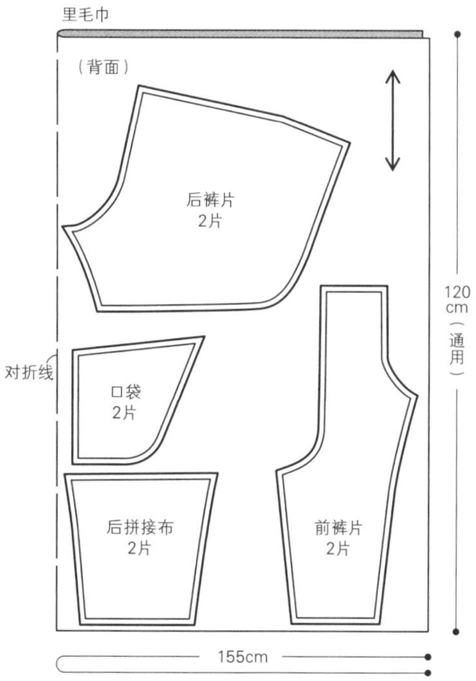

里毛巾

（背面）

后裤片
2片

对折线

口袋
2片

后拼接布
2片

前裤片
2片

120cm（通用）

155cm

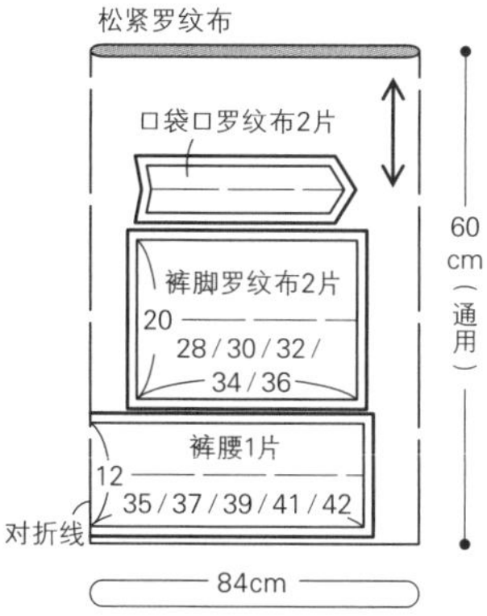

松紧罗纹布

口袋口罗纹布2片

裤脚罗纹布2片
20
28 / 30 / 32 /
34 / 36

裤腰1片
12
35 / 37 / 39 / 41 / 42

对折线

60cm（通用）

84cm

※除指定以外，缝份均为1cm
※在17码的裤腰两侧均使用裤襻

缝制方法和顺序

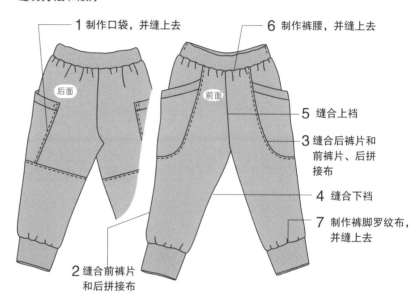

1 制作口袋，并缝上去
6 制作裤腰，并缝上去
后面
前面
5 缝合上裆
3 缝合后裤片和前裤片、后拼接布
4 缝合下裆
7 制作裤脚罗纹布，并缝上去
2 缝合前裤片和后拼接布

1 制作口袋，并缝上去

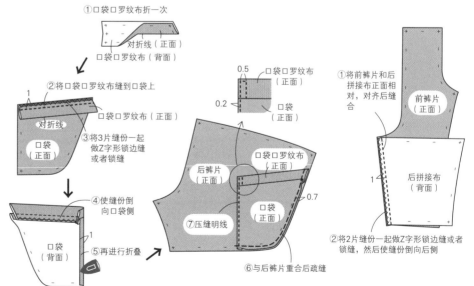

①口袋口罗纹布折一次
对折线（正面）
口袋口罗纹布（背面）

②将口袋口罗纹布缝到口袋上
口袋口罗纹布（正面）
对折线
口袋（正面）
③将3片缝份一起做Z字形锁边缝或者锁缝

④使缝份倒向口袋侧
⑤再进行折叠
口袋（背面）

0.5
0.2
口袋口罗纹布（正面）
口袋（正面）

后裤片（正面）
口袋口罗纹布（正面）
口袋（正面）
⑦压缝明线
0.7
⑥与后裤片重合后疏缝

2 缝合前裤片和后拼接布

①将前裤片和后拼接布正面相对，对齐后缝合
前裤片（正面）
后拼接布（背面）
1
②将2片缝份一起做Z字形锁边缝或者锁缝，然后使缝份倒向后侧

57

3 缝合后裤片和前裤片、后拼接布

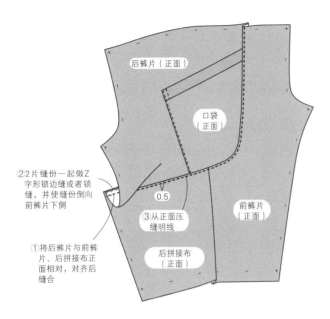

后裤片（正面）

口袋（正面）

前裤片（正面）

②2片缝份一起做Z字形锁边缝或者锁缝，并使缝份倒向前裤片下侧

后拼接布（正面）

0.5

③从正面压缝明线

①将后裤片与前裤片、后拼接布正面相对，对齐后缝合

4 缝合下裆

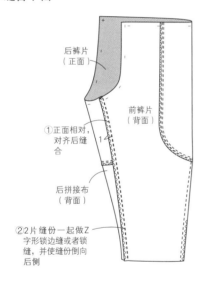

后裤片（正面）

前裤片（背面）

①正面相对，对齐后缝合

1

后拼接布（背面）

②2片缝份一起做Z字形锁边缝或者锁缝，并使缝份倒向后侧

5 缝合上裆

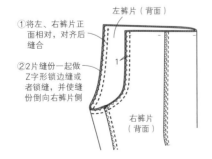

左裤片（背面）

①将左、右裤片正面相对，对齐后缝合

②2片缝份一起做Z字形锁边缝或者锁缝，并使缝份倒向右裤片侧

1

右裤片（背面）

6 制作裤腰，并缝上去

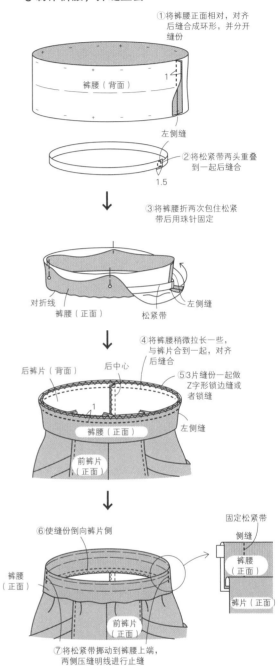

①将裤腰正面相对，对齐后缝合成环形，并分开缝份

裤腰（背面）

1

左侧缝

②将松紧带两头重叠到一起后缝合

1.5

③将裤腰折两次包住松紧带后用珠针固定

对折线

裤腰（正面）

松紧带

左侧缝

④将裤腰稍微拉长一些，与裤片合到一起，对齐后缝合

后裤片（背面）

后中心

⑤3片缝份一起做Z字形锁边缝或者锁缝

1

裤腰（正面）

左侧缝

前裤片（正面）

⑥使缝份倒向裤片侧

固定松紧带

侧缝

裤腰（正面）

裤腰（正面）

裤片（正面）

前裤片（正面）

⑦将松紧带挪动到裤腰上端，两侧压缝明线进行止缝

7 制作裤脚罗纹布，并缝上去

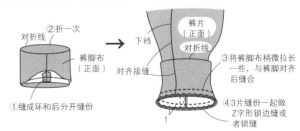

②折一次

对折线

裤脚布（正面）

对齐接缝

①缝成环和后分开缝份

裤片（正面）

下裆

对折线

③将裤脚布稍微拉长一些，与裤脚对齐后缝合

④3片缝份一起做Z字形锁边缝或者锁缝

1

E-2 pants

制作 福永志津

哈伦裤

p.18
实物大纸型　B面
※裤脚罗纹布、裤腰均按照裁剪图上的尺寸进行裁剪

材料 ※图中的尺寸从上到下或从左到右为
9/11/13/15/17码
使用布　单面毛圈的竹节棉（黑色）
　…170cm×140cm（通用）
另布　松紧罗纹针织布（黑色）
　…46cm（半幅）×50cm（通用）
2cm宽的松紧带
　…70～90cm（根据腰围的大小进行调节）
※使用针织专用的针和线

成品尺寸
腰围（未穿松紧带时）=70/74/78/82/86cm

总长度（侧缝）=100/101/102/103/104cm
臀围=108/111/114/117/121cm

缝制方法和顺序 ※除步骤1之外，其他步骤请参照E-1的做法
1　制作口袋，并缝上去。
2　缝合前裤片和后拼接布。
3　再和后裤片缝合到一起。
4　缝合下裆。
5　缝合上裆。
6　制作裤腰，并缝上去。
7　制作裤脚罗纹布，并缝上去。

裁剪图

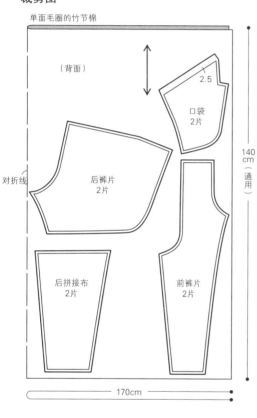

单面毛圈的竹节棉

（背面）

口袋
2片
2.5

后裤片
2片

对折线

后拼接布
2片

前裤片
2片

140cm（通用）

170cm

松紧罗纹针织布

裤脚罗纹布2片
20
25 / 27 / 29 / 31 / 33

裤腰1片
12
35 / 37 / 39 / 41 / 43

对折线

50cm（通用）

对折线

92cm

※除指定以外，缝份均为1cm

缝制方法和顺序

1 制作口袋，并缝上去

前面　　后面

0.2

1 制作口袋，并缝上去

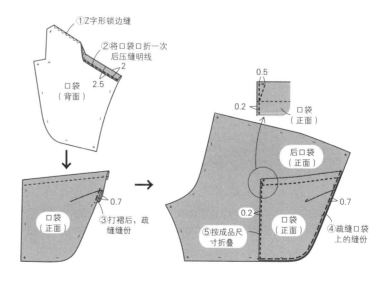

①Z字形锁边缝

②将口袋口折一次后压缝明线
2

口袋（背面）
2.5

口袋（正面）

③打褶后，疏缝缝份
0.7

0.5
0.2
口袋（正面）

后口袋（正面）

0.2

0.7

⑤按成品尺寸折叠

口袋（正面）

④疏缝口袋上的缝份

F **pants**
制作 朝井牧子

复古英伦格子裤

p.20
实物大纸型　B面
※腰带、裤襻均按照裁剪图上的尺寸进行裁剪

材料　※图中的尺寸从上到下或从左到右为
9/11/13/15/17码
使用布　亚麻哔叽呢（格子呢花纹）
　…108cm×250cm（通用）
1.2cm宽的带胶条形黏合衬…40cm
2.5cm宽的松紧带
　…70～90cm（根据腰围的大小进行调节）

成品尺寸
腰围（未穿松紧带时）=97/101/105/109/113cm
总长度（侧缝）=97/98/99/100/101cm
臀围=100/104/108/112/116cm

缝制方法和顺序
1　制作侧口袋。
2　缝合侧缝。
3　缝合下裆（参照p.53-4）。
4　将裤脚折两次后缝合（参照p.53-5）。
5　缝合上裆（参照p.53-6）。
6　制作裤襻，并缝上去。
7　制作贴边，并缝上去。
8　制作腰带。
9　穿入松紧带（参照p.53-8）。

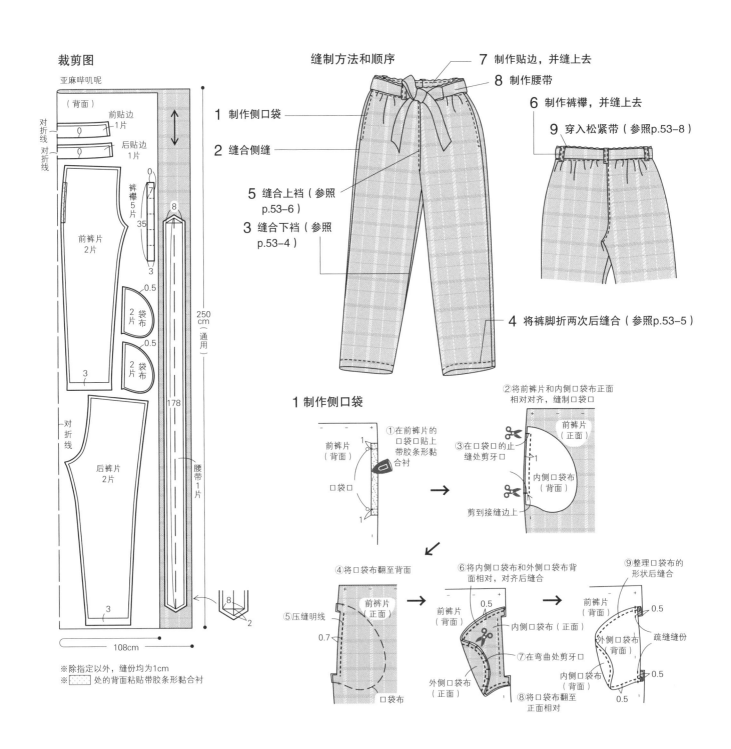

裁剪图

亚麻哔叽呢

※除指定以外，缝份均为1cm
※▨处的背面粘贴带胶条形黏合衬

2 缝合侧缝

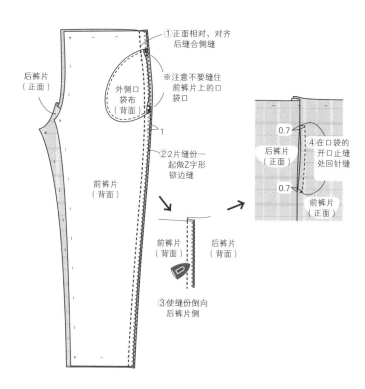

①正面相对，对齐后缝合侧缝

※注意不要缝住前裤片上的口袋口

后裤片（正面）

外侧口袋布（背面）

前裤片（背面）

②2片缝份一起做Z字形锁边缝

③使缝份倒向后裤片侧

前裤片（背面）

后裤片（背面）

0.7

后裤片（正面）

0.7

④在口袋的开口止缝处回针缝

前裤片（正面）

3 缝合下裆（参照p.53–4）

4 将裤脚折两次后缝合（参照p.53–5）

5 缝合上裆（参照p.53–6）

6 制作裤襻，并缝上去

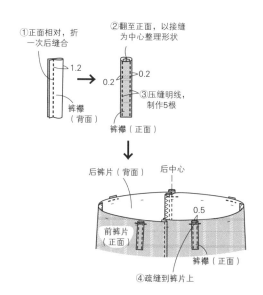

①正面相对，折一次后缝合

1.2

裤襻（背面）

②翻至正面，以接缝为中心整理形状

0.2

0.2

③压缝明线，制作5根

裤襻（正面）

后裤片（背面）

后中心

0.5

前裤片（正面）

裤襻（正面）

④疏缝到裤片上

7 制作贴边，并缝上去

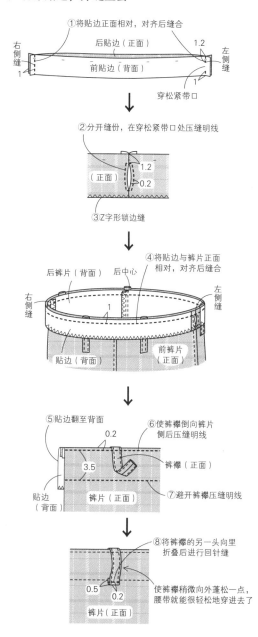

①将贴边正面相对，对齐后缝合

右侧缝

后贴边（正面）

1.2

左侧缝

1

前贴边（背面）

1

穿松紧带口

②分开缝份，在穿松紧带口处压缝明线

（正面）

1.2

0.2

③Z字形锁边缝

④将贴边与裤片正面相对，对齐后缝合

后裤片（背面）

后中心

右侧缝

1

左侧缝

贴边（背面）

前裤片（正面）

⑤贴边翻至背面

0.2

3.5

贴边（背面）

⑥使裤襻倒向裤片侧后压缝明线

裤襻（正面）

⑦避开裤襻压缝明线

裤片（正面）

⑧将裤襻的另一头向里折叠后进行回针缝

0.5

0.2

裤片（正面）

使裤襻稍微向外蓬松一点，腰带就能很轻松地穿进去了

8 制作腰带

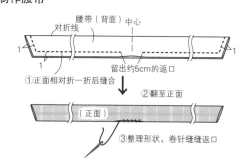

对折线

腰带（背面）

中心

1

1

1

留出约5cm的返口

①正面相对折一折后缝合

②翻至正面

（正面）

③整理形状，卷针缝缝返口

9 穿入松紧带（参照p.53–8）

H-1、2 *skirt*

制作 Lilla Blomma

豹纹四片式褶裙
条纹四片A字褶长裙

p.32～34

实物大纸型　A面

※前、后裙腰均按照裁剪图上的尺寸进行裁剪

材料　※图中的尺寸从上到下或从左到右为
9/11/13/15/17码

H-1使用布　弹力棉（豹皮花纹）
　　…140cm×170cm（通用）

H-2使用布　苎麻亚麻布（2.3cm宽的竖条纹）
　　…116cm×300cm（通用）

1cm宽的松紧带…62/66/70/74/78cm

黏合衬…12cm×55cm（通用）

成品尺寸

腰围（未穿松紧带时）=91/95/99/103/107cm

总长度（侧缝）=**H-1**：54cm　**H-2**：74cm

缝制方法和顺序

1　在前裙腰上粘贴黏合衬。
2　处理缝份，给前裙片打褶。
3　分别缝合前、后裙片的中心。
4　缝合侧缝。
5　制作裙腰，并缝上去。
6　将下摆折两次后缝合。
7　穿入松紧带。

裁剪图　**H-1**豹纹四片式褶裙

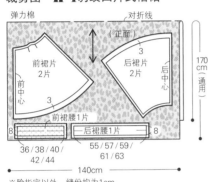

弹力棉　　　　対折线

（正面）

前裙片 2片　　后裙片 2片

前中心　　　后中心

前裙腰1片　　后裙腰1片

8　　　　　　　8

36/38/40/42/44　55/57/59/61/63

140cm

170cm（通用）

※除指定以外，缝份均为1cm
※　　　处粘贴黏合衬

裁剪图　**H-2**条纹四片A字褶长裙

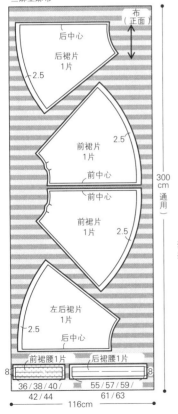

苎麻亚麻布

布（正面）

后中心　后裙片 1片　2.5

前裙片 1片　2.5

前中心

前裙片 1片　2.5

前中心

左后裙片 1片　2.5

后中心

前裙腰1片　　后裙腰1片

8　　　　　　8

36/38/40/42/44　55/57/59/61/63

116cm

300cm（通用）

※除指定以外，缝份均为1cm
※　　　处粘贴黏合衬

缝制方法和顺序　**H-1** 豹纹四片式褶裙

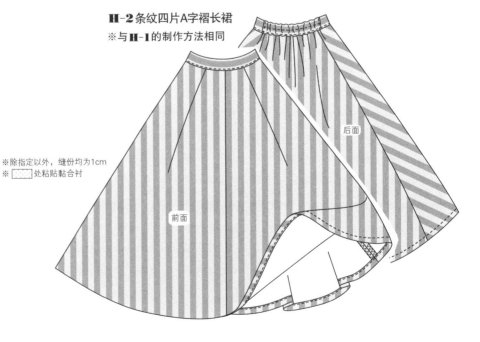

1 在前裙腰上粘贴黏合衬

3 分别缝合前、后裙片的中心

2 处理缝份，给前裙片打褶

4 缝合侧缝

5 制作裙腰，并缝上去

7 穿入松紧带

后面

前面

6 将下摆折两次后缝合

H-2条纹四片A字褶长裙
※与**H-1**的制作方法相同

后面

前面

H-1

1 在前裙腰上粘贴黏合衬

在前裙腰的背面粘贴黏合衬

前裙腰（正面）

黏合衬

2 处理缝份，给前裙片打褶

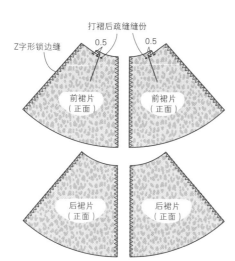

打褶后疏缝缝份

Z字形锁边缝

0.5　0.5

前裙片（正面）　前裙片（正面）

后裙片（正面）　后裙片（正面）

3 分别缝合前、后裙片的中心

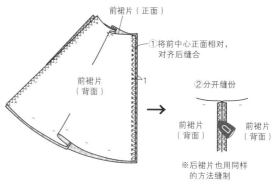

前裙片（正面）

①将前中心正面相对，对齐后缝合

前裙片（背面）

1

②分开缝份

前裙片（背面）　前裙片（背面）

※后裙片也用同样的方法缝制

4 缝合侧缝

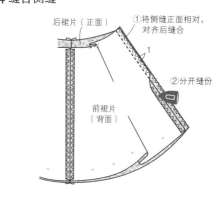

后裙片（正面）

①将侧缝正面相对，对齐后缝合

1

②分开缝份

前裙片（背面）

5 制作裙腰，并缝上去

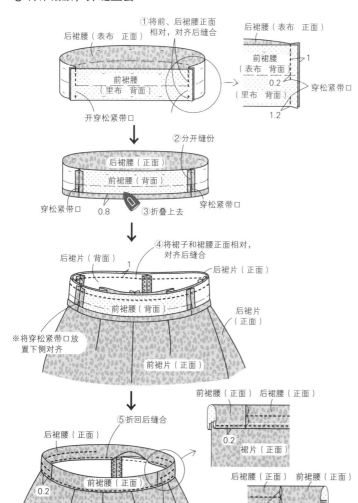

后裙腰（表布　正面）

①将前、后裙腰正面相对，对齐后缝合

前裙腰（里布　背面）

开穿松紧带口

后裙腰（表布　正面）

前裙腰（表布　背面）　1

0.2

（里布　背面）　穿松紧带口

1.2

②分开缝份

后裙腰（正面）

前裙腰（背面）

穿松紧带口　0.8　穿松紧带口

③折叠上去

④将裙子和裙腰正面相对，对齐后缝合

后裙片（背面）　1

前裙腰（背面）

后裙片（正面）

后裙片（正面）

※将穿松紧带口放置下侧对齐

前裙片（正面）

⑤折回后缝合

后裙腰（正面）

0.2

前裙腰（正面）

前裙片（正面）

⑥后裙腰的中心部位也要压缝明线

前裙腰（正面）　后裙腰（正面）

0.2

裙片（正面）

前裙腰（正面）　后裙腰（正面）

穿松紧带口

前裙片（正面）　裙片（正面）

6 将下摆折两次后缝合

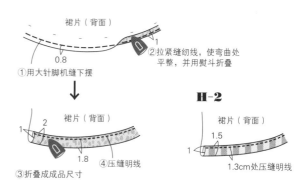

裙片（背面）

0.8

①用大针脚机缝下摆

②拉紧缝纫线，使弯曲处平整，并用熨斗折叠

裙片（背面）

1　2

1.8

③折叠成成品尺寸

④压缝明线

H-2

裙片（背面）

1.5

1

1.3cm处压缝明线

7 穿入松紧带

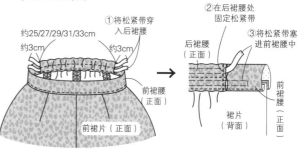

约25/27/29/31/33cm

约3cm　约3cm

①将松紧带穿入后裙腰

②在后裙腰处固定松紧带

后裙腰（正面）

前裙腰（正面）

前裙片（正面）

③将松紧带塞进前裙腰中

后裙腰（正面）

裙片（背面）

前裙腰（正面）

J skirt
制作 田中智子

百褶蛋糕裙

p.38
没有实物大纸型
※按照裁剪图上的尺寸进行裁剪

材料
使用布　棉纱布（普罗旺斯风）
　…110cm×200cm（通用）
1cm宽的松紧带
　…65～75cm 2根（根据腰围的大小进行调节）

成品尺寸 ※图中的尺寸左侧的对应9/11码、右侧的对应13/15/17码
腰围（未穿松紧带时）=96/108cm
总长度=78cm

缝制方法和顺序
1 在上、中、下裙片上画出对齐记号，处理侧缝的缝份。
2 缝合上裙片。
3 缝合中裙片。
4 缝合下裙片。
5 将上裙片和中裙片缝合到一起。
6 将中裙片和下裙片缝合到一起。
7 将下摆折两次后缝合。
8 穿入2根松紧带（参照p.53–8）。

裁剪图

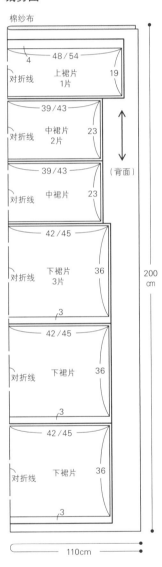

※除指定以外，缝份均为1cm

缝制方法和顺序

1 在上、中、下裙片上画出对齐记号，处理侧缝的缝份

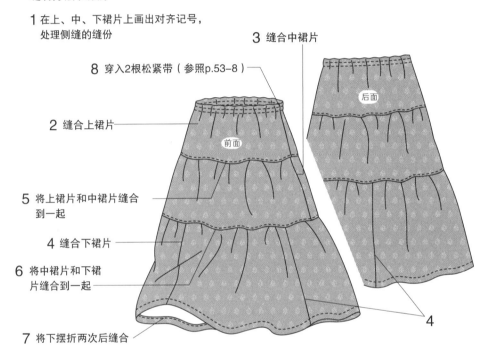

3 缝合中裙片

8 穿入2根松紧带（参照p.53–8）

2 缝合上裙片

前面　后面

5 将上裙片和中裙片缝合到一起

4 缝合下裙片

6 将中裙片和下裙片缝合到一起

7 将下摆折两次后缝合

4

1 在上、中、下裙片上画出对齐记号，处理侧缝的缝份

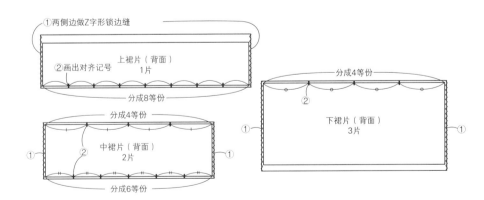

2 缝合上裙片

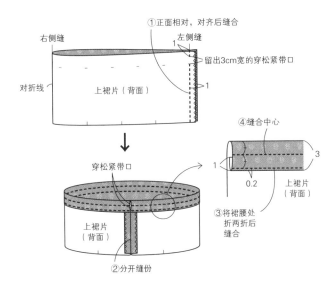

①正面相对，对齐后缝合

右侧缝　　　左侧缝

1

留出3cm宽的穿松紧带口

对折线

上裙片（背面）

1

穿松紧带口

④缝合中心

3

1

0.2

上裙片
（背面）

③将裙腰处
折两折后
缝合

上裙片
（背面）

②分开缝份

3 缝合中裙片

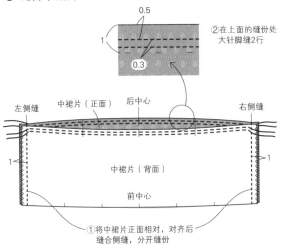

0.5

1

0.3

②在上面的缝份处
大针脚缝2行

左侧缝　　中裙片（正面）　后中心　　　　右侧缝

1　　　　　　　　　中裙片（背面）　　　　　1

前中心

①将中裙片正面相对，对齐后
缝合侧缝，分开缝份

4 缝合下裙片

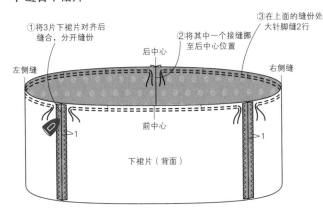

①将3片下裙片对齐后
缝合，分开缝份

②将其中一个接缝挪
至后中心位置

③在上面的缝份处
大针脚缝2行

左侧缝　　　　　　　后中心　　　　　　右侧缝

1　　　　　　　　　　　　　　　　　　　1

前中心

下裙片（背面）

5 将上裙片和中裙片缝合到一起

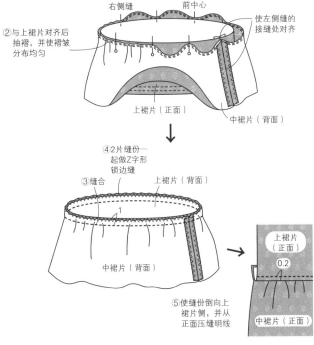

①将上裙片与中裙片正面相对对齐，使对
齐记号对齐后用珠针固定

右侧缝　　　前中心

使左侧缝的
接缝处对齐

②与上裙片对齐后
抽裙，并使褶皱
分布均匀

上裙片（正面）

中裙片（背面）

④2片缝份一
起做Z字形
锁边缝

③缝合　　　上裙片（背面）

1

中裙片（背面）

上裙片
（正面）

0.2

⑤使缝份倒向上
裙片侧，并从
正面压缝明线

中裙片（正面）

6 将中裙片和下裙片缝合到一起

※同步骤5的方法缝合

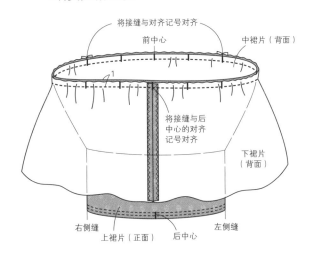

将接缝与对齐记号对齐

前中心　　　　中裙片（背面）

1

将接缝与后
中心的对齐
记号对齐

下裙片
（背面）

右侧缝　　　上裙片（正面）　　后中心　　　左侧缝

7 将下摆折两次后缝合

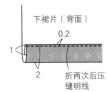

下裙片（背面）

0.2

1

2

折两次后压
缝明线

8 穿入2根松紧带（参照p.53-8）

K **skirt**
制作 AN Linen

亚麻宽松背带裙

p.40
没有实物大纸型
※按照裁剪图上的尺寸进行裁剪

材料
使用布　苎麻亚麻布（浅灰色）
　…110cm×170cm（通用）
另布　亚麻布（深灰色）
　…112cm×130cm（通用）
0.2cm宽的松紧带…约20cm
长3cm别针…2个

成品尺寸　※均码
总长度=78cm（从上部至下摆）

缝制方法和顺序
1　制作肩带。
2　制作护胸。
3　缝制裙子。
4　将肩带和护胸缝到裙腰上。
5　将裙腰缝到裙子上。
6　将肩带用别针固定到护胸上。

裁剪图

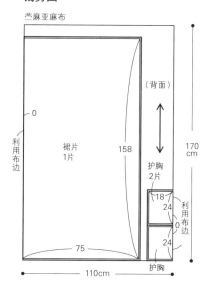

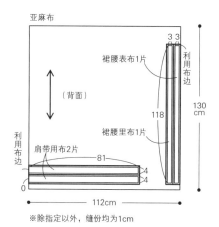

※除指定以外，缝份均为1cm

缝制方法和顺序

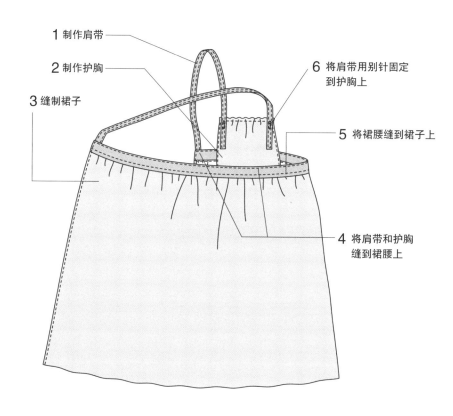

1 制作肩带
2 制作护胸
3 缝制裙子
6 将肩带用别针固定到护胸上
5 将裙腰缝到裙子上
4 将肩带和护胸缝到裙腰上

1 制作肩带

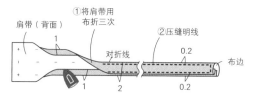

※制作2根

2 制作护胸

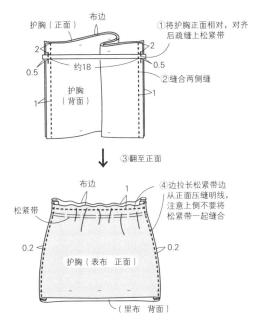

护胸（正面）
布边
护胸（背面）
①将护胸正面相对，对齐后疏缝上松紧带
②缝合两侧缝
2
0.5
约18
0.5
1
1

③翻至正面

布边
1
④边拉长松紧带边从正面压缝明线，注意上侧不要将松紧带一起缝合
松紧带
0.2
0.2
护胸（表布 正面）
（里布 背面）

3 缝制裙子

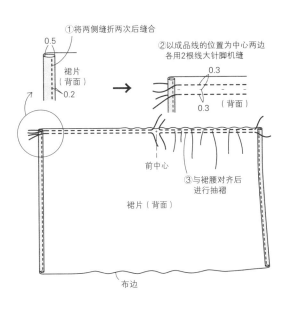

①将两侧缝折两次后缝合
0.5
裙片（背面）
0.2

②以成品线的位置为中心两边各用2根线大针脚机缝
0.3
0.3
（背面）

前中心
③与裙腰对齐后进行抽褶
裙片（背面）
布边

4 将肩带和护胸缝到裙腰上

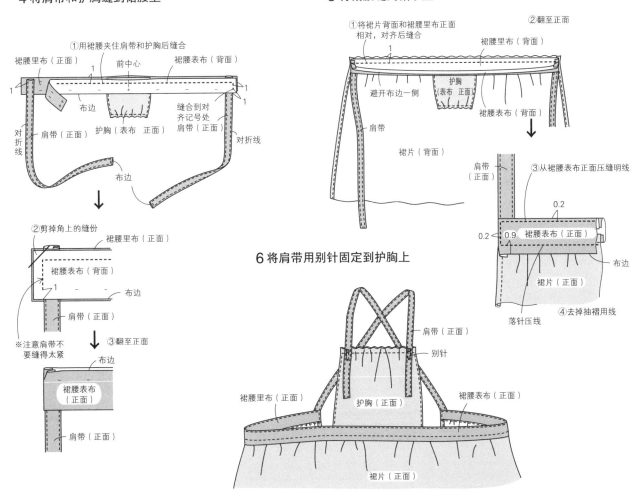

裙腰里布（正面）
①用裙腰夹住肩带和护胸后缝合
前中心
裙腰表布（背面）
1
1
1
1
布边
对折线
肩带（正面）
护胸（表布 正面）
缝合到对齐记号处
肩带（正面）
对折线
布边

②剪掉角上的缝份
裙腰里布（正面）
裙腰表布（背面）
1
布边
肩带（正面）
※注意肩带不要缝得太紧
③翻至正面
布边
裙腰表布（正面）
肩带（正面）

5 将裙腰缝到裙子上

①将裙片背面和裙腰里布正面相对，对齐后缝合
②翻至正面
裙腰里布（背面）
1
避开布边一侧
护胸（表布 正面）
裙腰表布（背面）
肩带
裙片（背面）

③从裙腰表布正面压缝明线
肩带（正面）
0.2
0.2
0.9
裙腰表布（正面）
布边
裙片（正面）
落针压线
④去掉抽褶用线

6 将肩带用别针固定到护胸上

肩带（正面）
别针
护胸（正面）
裙腰里布（正面）
裙腰表布（正面）
裙片（正面）

L skirt
制作 AN Linen

亚麻针织布抽褶裙

p.42
没有实物大纸型
※按照裁剪图上的尺寸进行裁剪

材料
使用布 亚麻针织布（米色）
　…158cm×180cm（通用）
0.9cm宽的天鹅绒丝带…200cm
黏合衬…2cm×8cm
2cm宽的松紧带
　…70~90cm（根据腰围的大小进行调节）
※使用针织专用的针和线

成品尺寸 ※均码
腰围（未穿松紧带时）=110cm
总长度=76cm

缝制方法和顺序
1 缝合裙子的侧缝。
2 将下摆折两次后缝合（参照p.65-7）。
3 缝制裙腰。
4 将裙腰缝到裙子上（参照p.69-5）。
5 穿入松紧带（参照p.53-8）。
6 穿入天鹅绒丝带。

裁剪图

亚麻针织布

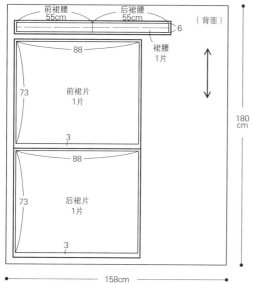

※除指定以外，缝份均为1cm

3 缝制裙腰

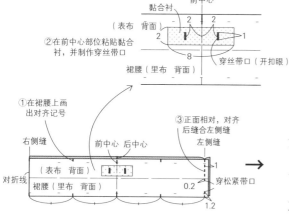

缝制方法和顺序

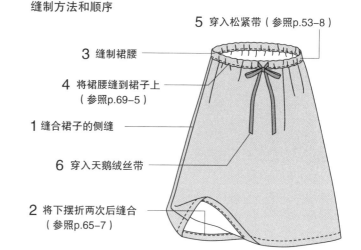

5 穿入松紧带（参照p.53-8）
3 缝制裙腰
4 将裙腰缝到裙子上（参照p.69-5）
1 缝合裙子的侧缝
6 穿入天鹅绒丝带
2 将下摆折两次后缝合（参照p.65-7）

1 缝合裙子的侧缝

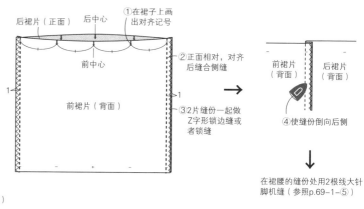

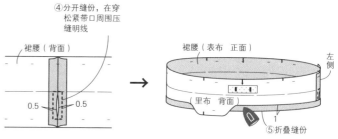

skirt

制作 田中智子

百褶两段裙

p.36
没有实物大纸型
※按照裁剪图上的尺寸进行裁剪

材料

使用布　棉麻青年布（绿色）
　　　…114cm×170cm（通用）
黏合衬…2cm×8cm
2cm宽的松紧带
　　　…70～90cm（根据腰围的大小进行调节）

成品尺寸

※图中的尺寸左侧的对应9/11码，右侧的对应
13/15/17码
腰围（未穿松紧带时）=96/108cm
总长度=65.5cm（通用）

缝制方法和顺序

1　制作育克。
2　缝制裙子。
3　将下裙片缝到育克上。
4　缝制裙腰（参照p.68-3）。
5　将裙腰缝到育克上。
6　将下摆折两次后缝合（参照p.65-7）。
7　穿入松紧带（参照p.53-8）。
8　缝制带子，并穿入裙腰中。

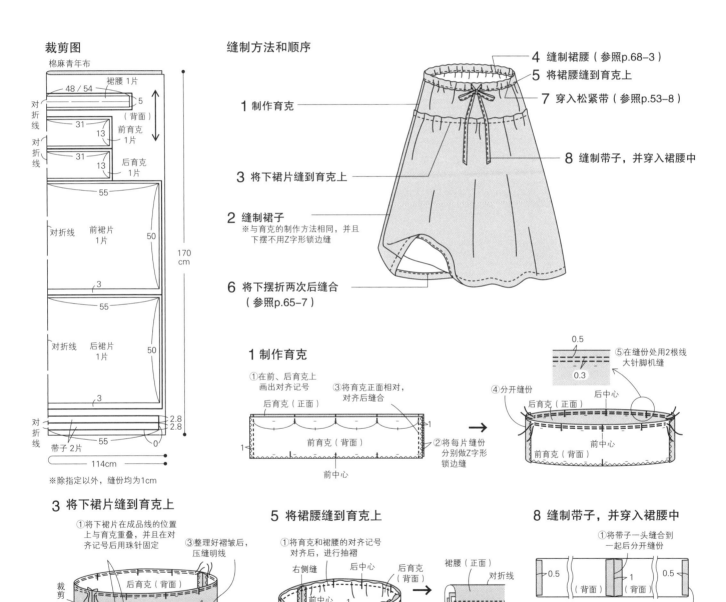

M **skirt**
制作 La La Happy

牛仔裙

p.44
实物大纸型　B面
※作为参考纸型，本书介绍了前下裆用布、后下裆
用布的纸型

材料
牛仔裤 1条

成品尺寸　※参考尺寸（本书介绍的作品使用的
是26码的牛仔裤）
腰围=74cm
总长度=48cm（从后中心裙腰上端至下摆）
臀围=86cm

缝制方法和顺序
1　剪掉牛仔裤裤腿，拆开下裆、上裆的接缝。
2　剪开膝盖以下部分，用于补齐下裆。
3　填补下裆布，重新缝合。
4　缝合下摆。

缝制方法和顺序

1 剪掉牛仔裤裤腿，拆开
　下裆、上裆的接缝

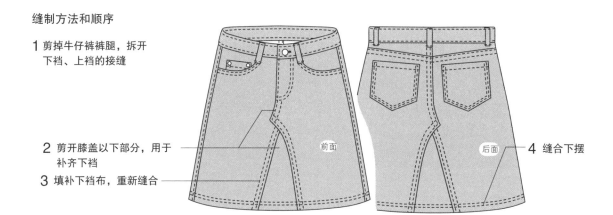

2 剪开膝盖以下部分，用于
　补齐下裆

3 填补下裆布，重新缝合

4 缝合下摆

1 剪掉牛仔裤裤腿，拆开
下裆、上裆的接缝

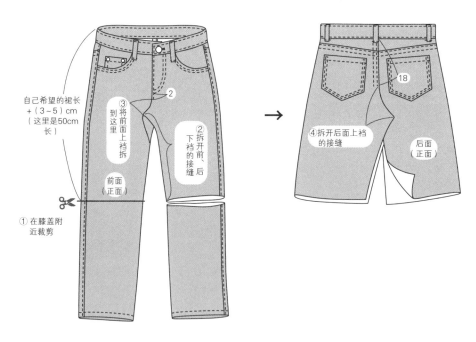

自己希望的裙长
+（3~5）cm
（这里是50cm
长）

③将前面上裆拆到这里

②拆开前、后下裆的接缝

前面（正面）

①在膝盖附近裁剪

18

④拆开后面上裆的接缝

后面（正面）

2 剪开膝盖以下部分，用于补齐下档

※参照实物大纸型B面中的前下
档布、后下档布

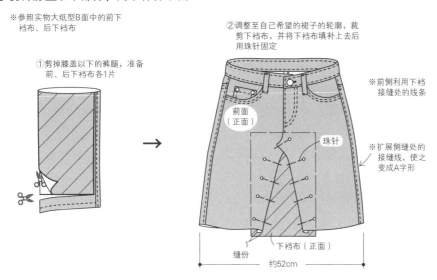

①剪掉膝盖以下的裤腿，准备
前、后下档布各1片

②调整至自己希望的裙子的轮廓，裁
剪下档布，并将下档布填补上去后
用珠针固定

※前侧利用下档
接缝处的线条

前面
（正面）

珠针

※扩展侧缝处的
接缝线，使之
变成A字形

缝份
下档布（正面）
约52cm

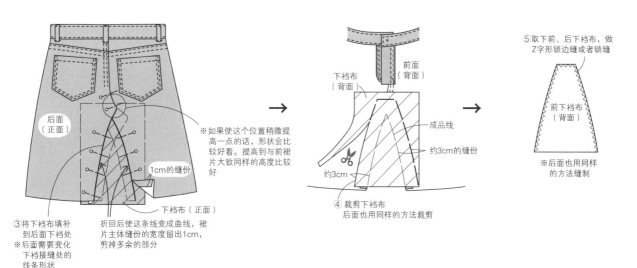

后面
（正面）

※如果使这个位置稍微提
高一点的话，形状会比
较好看。提高到与前裙
片大致同样的高度比较
好

1cm的缝份

下档布（正面）

③将下档布填补
到后面下档处
※后面需要变化
下档接缝处的
线条形状

折回后使这条线变成曲线，裙
片主体缝份的宽度留出1cm，
剪掉多余的部分

下档布
（背面）

前面
（背面）

成品线

约3cm的缝份

约3cm

④裁剪下档布
后面也用同样的方法裁剪

⑤取下前、后下档布，做
Z字形锁边缝或者锁缝

前下档布
（背面）

※后面也用同样
的方法缝制

3 填补下档布、重新缝合

重新填补下档布，确认好轮廓之后压缝明线

前面
（正面）

压缝明线

下档布
（正面）

0.7

※与原来压缝明线的宽度对齐

后面
（正面）

压缝明线

0.7

下档布（正面）

4 缝合下摆

①试穿之后确定裙子的长度，留出
2cm的缝份后剪掉多余部分

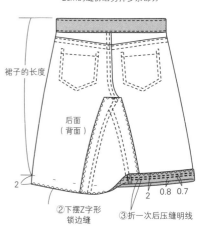

裙子的长度

后面
（背面）

2

2   0.8 0.7

②下摆Z字形
锁边缝

③折一次后压缝明线

OTONA NO PANTS TO SKIRT（NV80425）

Copyright © NIHON VOGUE-SHA 2014 All rights reserved.

Photographers：YUKARI SHIRAI.

Original Japanese edition published in Japan by NIHON VOGUE CO.,LTD.,

Simplified Chinese translation rights arranged with BEIJING BAOKU

INTERNATIONAL CULTURAL DEVELOPMENT Co.,Ltd.

备案号：豫著许可备字-2015-A-00000002

图书在版编目（CIP）数据

　裤装与裙装的裁剪与制作 / 日本宝库社编著; 边冬梅译. —郑州 : 河南科学技术出版社，
2018.7

　ISBN 978-7-5349-9237-7

　Ⅰ.①裤…　Ⅱ.①日…　②边…　Ⅲ.①服装量裁 ②服装—生产工艺　Ⅳ.①TS941.6

　中国版本图书馆CIP数据核字（2018）第095995号

出版发行：河南科学技术出版社
　　　　　地址：郑州市经五路66号　　邮编：450002
　　　　　电话：（0371）65737028　　65788613
　　　　　网址：www.hnstp.cn
策划编辑：刘　欣
责任编辑：刘　瑞
责任校对：马晓灿
封面设计：张　伟
责任印制：张艳芳
印　　刷：北京盛通印刷股份有限公司
经　　销：全国新华书店
幅面尺寸：213 mm×285 mm　　印张：6.5　　字数：150千字
版　　次：2018年7月第1版　　2018年7月第1次印刷
定　　价：49.00元